客厅设计广场 第2季

现代客厅

客厅设计广场第2季编写组/编

客厅是家庭聚会、休闲的重要场所，是能充分体现居室主人个性的居室空间，也是访客停留时间较长、关注度较高的区域，因此，客厅装饰装修是现代家庭装饰装修的重中之重。

本系列图书分为现代、中式、欧式、混搭和简约五类，根据不同的装修风格对客厅整体设计进行了展示。本书精选了大量现代客厅装修经典案例，图片信息量大，这些案例均选自国内知名家装设计公司倾情推荐给业主的客厅设计方案，全方位呈现了这些项目独特的设计思想和设计要素，为客厅设计理念提供了全新的灵感。本书针对每个方案均标注出该设计所用的主要材料，使读者对装修主材的装饰效果有更直观的视觉感受。针对客厅装修中读者较为关心的问题，有针对性地配备了大量通俗易懂的实用小贴士。

图书在版编目（CIP）数据

客厅设计广场．第2季．现代客厅 / 客厅设计广场第2季编写组编．— 2版．— 北京 ：机械工业出版社，2016.6
ISBN 978-7-111-54061-8

Ⅰ．①客… Ⅱ．①客… Ⅲ．①客厅－室内装饰设计－图集 Ⅳ．①TU241-64

中国版本图书馆CIP数据核字(2016)第136336号

机械工业出版社（北京市百万庄大街22号　邮政编码 100037）
策划编辑：宋晓磊　　责任编辑：宋晓磊
责任印制：李　洋　　责任校对：白秀君
北京汇林印务有限公司印刷

2016年6月第2版第1次印刷
210mm×285mm · 7印张 · 201千字
标准书号：ISBN 978-7-111-54061-8
定价：39.00元

凡购本书，如有缺页、倒页、脱页，由本社发行部调换

电话服务
服务咨询热线：(010)88361066
读者购书热线：(010)68326294
(010)88379203

网络服务
机工官网：www.cmpbook.com
机工官博：weibo.com/cmp1952
教育服务网：www.cmpedu.com
金书网：www.golden-book.com

目录 Contents

紧凑型

现代风格电视墙的设计原则

电视墙在家庭装修中是一个比较受关注的地方，因为它们本身就长时间处于人们的视线之内。在室内设计方面，现代风格不是要放弃原有建筑空间的规矩和朴实，去对建筑载体进行任意装饰，而是在设计上更加强调功能，强调结构和形式的完整，更加追求材料、技术、空间的表现深度与精确。现代风格电视墙的设计也不例外，既要和整体装修风格搭配，又要展现强大的实用功能。

印花壁纸

白色乳胶漆

米色网纹大理石

布艺装饰硬包

强化复合木地板

直纹斑马木饰面板

石膏装饰线

木纹大理石

黑色烤漆玻璃

黑色烤漆玻璃

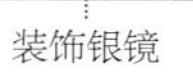

装饰银镜

灰白色洞石

白色乳胶漆

黑色烤漆玻璃

黑色烤漆玻璃

肌理壁纸

印花壁纸

皮革装饰硬包

肌理壁纸

爵士白大理石

木纹大理石

石膏板拓缝

有色乳胶漆

白色玻化砖

手绘墙饰

青砖饰面

文化石

白桦木饰面板

米色玻化砖

白色乳胶漆

米白色洞石

如何通过电视墙改变客厅的视觉效果

客厅电视墙一般距离沙发3m左右，这样的距离是比较适合人眼观看电视的距离，进深过大或过小都会造成人的视觉疲劳。如果电视墙的进深大于3m，那么在设计上电视墙的宽度要尽量大于深度，墙面装饰也应该丰富，可以在电视墙上贴壁纸、装饰壁画或者在电视墙上刷不同颜色的油漆，在此基础上再加上一些小的装饰画框，这样在视觉上就不会感觉空旷了。如果客厅较窄，电视墙到沙发的距离不足3m，则可以通过设计成错落有致的造型进行弥补。例如，可以在墙上安装一些突出的装饰物，或者安装装饰隔板或书架，以弱化电视的厚度，使整个客厅有层次感和立体感，这样一来，空间的延伸效果就体现出来了。

密度板雕花贴清玻璃

装饰灰镜

黑色烤漆玻璃

条纹壁纸

装饰灰镜

印花壁纸

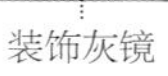

装饰灰镜

水曲柳饰面板

黑色烤漆玻璃

石膏板拓缝

肌理壁纸

黑色烤漆玻璃

印花壁纸

强化复合木地板

雕花烤漆玻璃

木纹大理石

黑色烤漆玻璃

石膏板

中花白大理石

密度板造型

木质踢脚线

装饰灰镜

印花壁纸

泰柚木饰面板

黑色烤漆玻璃

白枫木饰面板

羊毛地毯

木纹大理石

混纺地毯

木纹大理石

条纹壁纸

文化砖

肌理壁纸

白色乳胶漆

白枫木装饰线

黑色烤漆玻璃

爵士白大理石

印花壁纸

石膏板拓缝

木纹玻化砖

茶色烤漆玻璃

羊毛地毯

艺术地毯

白色乳胶漆

瓷砖装饰电视墙有什么特点

近年来，瓷砖制作的工艺和烧制工艺水平的提高，给建筑装饰业带来了更多的选择余地。因其价格适中、没有色差、品种多样，在价格上比石材有相对优势。目前瓷砖在居家装饰中运用广泛，它装饰性强，手法多样，而且还可进行再加工处理，适用于各种装饰风格，其中以简约、地中海、后现代及较个性的装饰风格居多。

陶瓷锦砖

石膏板拓缝

强化复合木地板

有色乳胶漆

印花壁纸

米色网纹大理石

条纹壁纸

条纹壁纸

羊毛地毯

木纹大理石

木质搁板

装饰灰镜

装饰银镜

胡桃木饰面板

中花白大理石

印花壁纸

条纹壁纸

印花壁纸

米白色洞石

木质搁板

米色大理石

密度板雕花贴黑镜

有色乳胶漆

中花白大理石

装饰银镜

肌理壁纸

铝制百叶卷帘

肌理壁纸

白枫木饰面板

密度板造型隔断

黑色烤漆玻璃

深啡色网纹大理石

泰柚木饰面板

电视墙铺贴瓷砖需注意哪些问题

1.基层处理时，应彻底清理墙面的各种污物，并提前一天浇水湿润。如果基层为新墙，待水泥砂浆七成干时，就应该进行排砖、弹线、粘贴墙面砖作业。

2.瓷砖粘贴前必须在清水中浸泡两个小时以上，取出晾干待用。

3.铺贴时遇到管线、灯具开关，必须用整砖套割，以求吻合，禁止用非整砖拼凑粘贴。

4.铺贴时可选择多彩填缝剂，它不同于普通的彩色水泥，一般用于留缝铺装的地面或墙面，其特点是颜色的附着力强、耐压耐磨、不碱化、不收缩、不粉化，不但改变了瓷砖缝隙水泥易脱落、附着不牢的情况，而且可以使缝隙的颜色和瓷砖相配，显得统一协调，相得益彰。

米白色网纹大理石

黑色烤漆玻璃

有色乳胶漆

陶瓷锦砖

印花壁纸

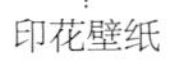

印花壁纸

肌理壁纸

强化复合木地板

条纹壁纸

米色亚光玻化砖

肌理壁纸

水曲柳饰面板

米色大理石

装饰灰镜

石膏板拓缝

印花壁纸

泰柚木饰面板

石膏板肌理造型

印花壁纸

黑色烤漆玻璃

印花壁纸

白枫木装饰线

条纹壁纸

白色乳胶漆

爵士白大理石

石膏板肌理造型

石膏板拓缝

雕花茶镜

中花白大理石

密度板拓缝

密度板造型隔断

石膏板拓缝

有色乳胶漆

白色玻化砖

密度板雕花隔断

印花壁纸

条纹壁纸

黑色烤漆玻璃

白色乳胶漆

镜面锦砖

印花壁纸

条纹壁纸

肌理壁纸

米白色亚光墙砖

电视墙的施工要考虑哪些因素

考虑地砖的厚度：造型墙面在施工的时候，应该把地砖的厚度、踢脚线的高度考虑进去，使各个造型相互协调。如果没有设计踢脚线，面板、石膏板的安装就应该在地砖施工后进行，以防受潮。

考虑灯光的呼应：电视墙的造型一般与顶面的局部顶棚相呼应，顶棚上一般会有灯，所以要考虑墙面造型与灯光的协调，要注意避免强光照射电视机，以免观看节目时引起眼睛疲劳。

考虑布线：如果是壁挂式电视机，墙面要预先留有位置（装预埋挂件或结实的基层）及足够的插座。因此，建议暗埋一根较粗的PVC管，DVD线、闭路线、VGA线等所有的线可以通过这根管穿到下方电视柜里。

考虑空调插座的位置：有的房型的空调插座会位于电视墙上，施工时要注意不要将空调插座封到电视墙的里面，而是应该先把插座挪出来。

有色乳胶漆

黑白根大理石

密度板雕花隔断

混纺地毯

羊毛地毯

黑色烤漆玻璃

有色乳胶漆

羊毛地毯

有色乳胶漆

米色玻化砖

白色乳胶漆

密度板雕花贴黑镜

车边银镜

白色乳胶漆

艺术墙砖

密度板雕花隔断

印花壁纸

米色玻化砖

深啡色网纹大理石

密度板树干造型

木质搁板

肌理壁纸

密度板雕花隔断

红砖饰面

陶瓷锦砖

艺术墙贴

灰色洞石

石膏板拓缝

黑色烤漆玻璃

木纹大理石

肌理壁纸

木纹大理石

米色网纹大理石

木纹玻化砖

如何表现现代装修风格

现代风格是通过流动的线条、富有质感的材料及整体协调搭配，以简洁和纯净的基调来调节转换整个空间的。在表现现代风格时，线条有的柔美雅致，有的遒劲而富于节奏感，整个立体形式都与有条不紊的、有节奏的曲线融为一体。大量使用铁制构件，将玻璃、瓷砖等新工艺以及铁艺制品、陶艺制品等综合运用于室内。室内墙面、地面、顶棚，以及家具陈设乃至灯具器皿等均以简洁的造型、纯洁的质地、精细的工艺为特征。

舒 适 型

密度板雕花贴黑镜

条纹壁纸

石膏板拓缝

装饰灰镜

米色网纹大理石

木纹大理石

密度板雕花隔断

黑色烤漆玻璃

条纹壁纸

中花白大理石

车边银镜

印花壁纸

强化复合木地板

雕花灰镜

爵士白大理石

肌理壁纸

米色网纹大理石

陶瓷锦砖肌理造型

肌理壁纸

黑色烤漆玻璃

云纹大理石

密度板雕花贴清玻璃

密度板树干造型

木纹大理石

中花白大理石

木纹大理石

雕花银镜

密度板雕花隔断　　肌理壁纸

装饰银镜

装饰灰镜

米色网纹大理石

印花壁纸

印花壁纸

布艺软包

深啡色网纹大理石

混纺地毯

皮纹砖

灰白色网纹玻化砖

肌理壁纸

木纹大理石

白枫木百叶

密度板造型隔断

如何打造现代简约风格的客厅

客厅在人们的日常生活中的使用频率是最高的，它的功能集聚放松、游戏、娱乐、进餐等于一体。作为整间屋子的中心，客厅值得人们更多关注。因此，客厅往往被主人列为重中之重，应精心设计、精选材料，以充分体现主人的品位和居室的意境。

装修得简约一定要从务实出发，切忌盲目跟风而不考虑其他的因素。简约不只是说装修，还反映在家居配饰上。例如，不大的屋子，就没有必要为了显得“阔绰”而购置体积较大的物品，相反，应该仅购买生活所必需的东西，而且以不占面积、能折叠、多功能等为主。

木纹大理石

黑色烤漆玻璃

雕花银镜

白色玻化砖

车边银镜

白枫木装饰线

泰柚木饰面板

装饰灰镜

密度板雕花隔断

米色网纹大理石

白色釉面墙砖

装饰灰镜

白色乳胶漆

米色大理石

有色乳胶漆

装饰灰镜
灰白色网纹大理石

爵士白大理石
白枫木装饰线

中花白大理石

陶瓷锦砖拼花

羊毛地毯

密度板雕花贴黑镜

装饰银镜

木纹大理石

米色洞石

陶瓷锦砖

羊毛地毯

印花壁纸

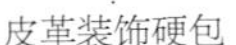

皮革装饰硬包

黑色烤漆玻璃

中花白大理石

米色亚光墙砖

现代简约风格就是简单吗

简洁和实用是现代简约风格装修的基本特点。简约不等于简单，它是经过深思熟虑后得出的设计和思路的延展，并不是简单的“堆砌”和“摆放”。

如今，现代简约风格大行其道，一直保持着迅猛的势头，这是因为人们在装修时总希望在实现经济、实用、舒适的同时，体现一定的文化品位。而现代简约风格不仅注重居室的实用性，而且还强调工业化社会生活的精致与个性，符合现代人的生活品位。这样的简约化设计风格可以省掉许多繁琐的装修和过多家具，在装饰与布置中最大限度地体现空间与家具的整体协调性，更增添了时尚性与实用性。总而言之，现代简约风格的精髓就是在简约中体现不简单。

装饰灰镜

雕花银镜

车边银镜

米色网纹大理石

装饰茶镜
白色玻化砖

中花白大理石
密度板雕花贴灰镜

印花壁纸

白枫木装饰线

黑镜装饰线

肌理壁纸

木纹大理石

白色亚光墙砖

水曲柳饰面板

装饰银镜

有色乳胶漆
大理石踢脚线

木质踢脚线

强化复合木地板

米色网纹亚光玻化砖

密度板雕花贴灰镜

黑色烤漆玻璃

黑色烤漆玻璃

印花壁纸

强化复合木地板

陶瓷锦砖

装饰银镜

有色乳胶漆

爵士白大理石

黑色烤漆玻璃

印花壁纸

装饰灰镜

白色乳胶漆

密度板树干造型

密度板雕花贴茶镜

木质搁板

陶瓷锦砖拼花

有色乳胶漆

雕花银镜

有色乳胶漆

车边灰镜

木纹大理石

白色抛光墙砖

木纹大理石

现代简约风格的个性空间设计

通过对现代简约风格设计说明的了解，不难发现，其实现代简约风格的设计并没有我们想象的那么简单。但是，在装修中只要认真注意以下几点，相信一定能使装修变得更加完美。

1.现代风格的居室重视个性和创造性的表现，即不主张追求高档豪华，而着力表现与众不同的细节。

2.住宅小空间、多功能是现代简约风格设计的重要特征。

3.重点设计与主人兴趣爱好相关联的功能空间包括家庭视听中心、迷你酒吧、健身角等，以此来彰显个性。

印花壁纸

梓木饰面板

木纹亚光玻化砖

木质踢脚线

印花壁纸

米色网纹亚光玻化砖

肌理壁纸

雕花灰镜

有色乳胶漆

灰白色洞石

密度板雕花

肌理壁纸

密度板树干造型

雕花茶镜

印花壁纸

装饰灰镜

有色乳胶漆

白色玻化砖

布艺软包

强化复合木地板

装饰灰镜

水曲柳饰面板

茶色烤漆玻璃

肌理壁纸

石膏板拓缝

羊毛地毯

陶瓷锦砖

米白色亚光玻化砖

不锈钢收边条

肌理壁纸

有色乳胶漆

印花壁纸

密度板雕花隔断

现代风格的客厅有哪些特点

现代风格强调的是功能至上的原则，尽量以较少的材料达到功能实现的要求。与现代人紧张忙碌的生活相适应，现代风格的客厅只强调必要的沙发、茶几和组合电器装置，不再有观赏性强的壁炉和繁琐的布艺窗帘等过分性装饰。

肌理壁纸

装饰灰镜

羊毛地毯

木纹大理石

雕花银镜

有色乳胶漆

有色乳胶漆

印花壁纸

石膏板拓缝

木纹大理石

白枫木装饰线

水晶装饰珠帘

雕花银镜

印花壁纸

雕花银镜

密度板造型隔断

爵士白大理石

混纺地毯

中花白大理石

白色亚光玻化砖

中花白大理石

印花壁纸

车边黑镜

白色玻化砖

黑色烤漆玻璃

肌理壁纸

车边灰镜

米白色亚光玻化砖

印花壁纸

密度板造型隔断

有色乳胶漆

密度板拓缝

密度板雕花贴银镜

木质搁板

泰柚木饰面板

雕花银镜

陶瓷锦砖

肌理壁纸

黑胡桃木饰面板

银镜装饰线

肌理壁纸

印花壁纸

印花壁纸

白色玻化砖

黑色烤漆玻璃

密度板肌理造型

现代风格客厅的色彩设计有哪些特点

现代风格是以单种着色作为基本色调，如白色、浅黄色等，给人以纯净、文雅的感觉，可以增加室内的亮度，使人容易产生乐观的心态。也可以很好地运用对比和衬托，调和鲜艳的色彩，产生美好的节奏感和韵律感，像一个干净的舞台，能最大限度地表现陈设的品质、灯具的光亮及色彩的活力。

现代风格的背景墙着色可以是单纯的、热烈的，用色平整，面大，鲜活，面与面接口有层次，家具要统一、完整，强调无主光源，也可用多头直流氖光灯，强调用灯光烘托陈设品，如织物、雕塑、工艺品等要素，制造情调。

布艺装饰硬包

印花壁纸

水曲柳饰面板

白色波浪板

肌理壁纸

装饰银镜

黑色烤漆玻璃

石膏板肌理造型

密度板雕花贴银镜

有色乳胶漆

白色乳胶漆

黑金花大理石

中花白大理石

强化复合木地板

有色乳胶漆

白桦木饰面板

强化复合木地板

黑色烤漆玻璃

白色玻化砖

装饰茶镜

中花白大理石

肌理壁纸

条纹壁纸

混纺地毯

雕花灰镜

肌理壁纸

爵士白大理石

装饰银镜

印花壁纸

装饰灰镜

车边灰镜

印花壁纸

白枫木装饰线

现代风格客厅适合摆放哪些家具

现代风格客厅的家具应根据该空间的功能性质来选择，最基本、最低限度的要求是，选购包括茶几在内的能够休息和谈话使用的座位(通常为沙发)，同时应适当配备电视、音响、影视资料、书报等。

如果客厅还有其他功能需求，可根据需要适当增加相应的家具设备。例如，若物品较多，可选用多功能组合家具；物品较少则可只摆放电视机柜。

客厅的家具选择范围较广，一般以长沙发为主，可将其排成“一”字形、“U”字形，或者双排摆放。不同风格的家具对称摆放、曲线摆放，或者自由组合也是很好的选择。

总之，客厅的家具应做到简洁大方，并以适应不同情况下人们的心理需要和个性要求为最佳。

奢华型

胡桃木装饰立柱

肌理壁纸

布艺装饰硬包

肌理壁纸

有色乳胶漆

车边银镜

中花白大理石

米黄色洞石

水曲柳饰面板

钢化玻璃

米色玻化砖

车边银镜

印花壁纸

水曲柳饰面板

肌理壁纸

水曲柳饰面板

车边银镜

中花白大理石

装饰灰镜

有色乳胶漆

密度板造型隔断

印花壁纸

泰柚木饰面板

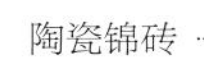

陶瓷锦砖

木纹大理石

云纹大理石

黑色烤漆玻璃

米色网纹玻化砖

黑色烤漆玻璃

中花白大理石

白枫木装饰线

胡桃木饰面板

黑色烤漆玻璃

有色乳胶漆

黑色烤漆玻璃

密度板造型贴茶镜

车边灰镜

仿洞石玻化砖

银镜装饰线
肌理壁纸

装饰灰镜

爵士白大理石

中花白大理石

密度板造型贴灰镜

现代风格电视墙配色及施工

色彩不要太重，纯度相对低的颜色会比较耐看，偏暗的厅室少阳，就适合用中性色来补充，这样给人的感觉才会比较舒适，明亮的厅室则可以添加些跳跃的颜色，给生活增加趣味，也会经久耐看。施工方法主要有以下三种：

滚涂：使用滚筒施工，为毛面效果，效果近似于壁纸。所谓的拉毛、毛面、滚花、肌理质感都是指这一类效果。家装工程推荐使用短毛滚筒，施工时比较容易操作，花纹也比较浅，容易日常打理。建议在大面积施工前，先在门后墙上等不显眼的地方试涂，以确认是自己想要的效果。

刷涂：采用毛刷施工，为平面效果，但毛刷会留下刷痕。家装工程一般使用羊毛刷，羊毛刷比较柔软，能够减轻刷痕。

喷涂：采用喷枪施工，表面平整光滑，手感极好，丰满度好，可制造最好的平面效果。分为有气喷与无气喷两种，按要求施工的最终效果是相同的，但有气喷涂的漆膜要薄一些(一次20μm)，需要喷涂几遍才能达到比较好的效果；而无气喷涂的漆膜要厚很多(一次就可以达到60μm)，一次就可以满足施工厚度要求。

黑色烤漆玻璃

石膏板拓缝

有色乳胶漆

木纹大理石

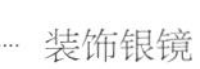

白枫木窗棂造型

木纹大理石

车边银镜

雕花银镜

车边银镜

白色乳胶漆

车边银镜

皮纹砖

米白色大理石

肌理壁纸

印花壁纸

有色乳胶漆

装饰茶镜

米白色洞石

车边银镜

印花壁纸

灰白色洞石

实木装饰浮雕

装饰灰镜

白色乳胶漆

米黄色网纹大理石

松木板吊顶

深啡色网纹大理石波打线

黑镜装饰线

白枫木饰面板

白色玻化砖

中花白大理石

现代风格的客厅墙面装饰方案

乳胶漆涂刷方便，价格选择余地大，是现今较流行的墙面装饰材料。

方案一：墙面全部使用白色乳胶漆粉刷，白顶、白墙，既清静，又适合搭配任何颜色和风格的家具、家电。

方案二：如果楼层高、采光好，可合理配色。顶棚仍为白色，墙面配以麦穗黄、水仙白、苹果绿等不同颜色，可增加装饰的立体感，突出或温馨、或高雅、或时尚的个性风格。墙纸是比较上档次的墙面装饰材料。由于墙纸的品种花型繁多，具有更强的装饰性，能强烈地表现出多种装饰风格。但墙纸成本高，工艺要求也高。

方案三：局部贴墙纸，如在客厅腰线及挂镜线之间的墙面贴墙纸等，效果都不俗。

强化复合木地板

白枫木饰面板

密度板雕花贴清玻璃

白色亚光墙砖

白色亚光墙砖

爵士白大理石

皮纹砖

水曲柳饰面板

米黄色洞石

皮革装饰硬包

仿洞石玻化砖

有色乳胶漆

陶瓷锦砖

米色玻化砖

装饰银镜

米黄网纹大理石

云纹大理石

手绘墙饰

雕花银镜

装饰灰镜

银镜装饰线

木纹大理石

肌理壁纸

绯红色烤漆玻璃

皮革装饰硬包

泰柚木饰面板

中花白大理石

羊毛地毯

雕花灰镜

强化复合木地板

密度板造型隔断

肌理壁纸

爵士白大理石

强化复合木地板

混纺地毯

黑镜装饰线

白色玻化砖

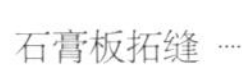

石膏板拓缝

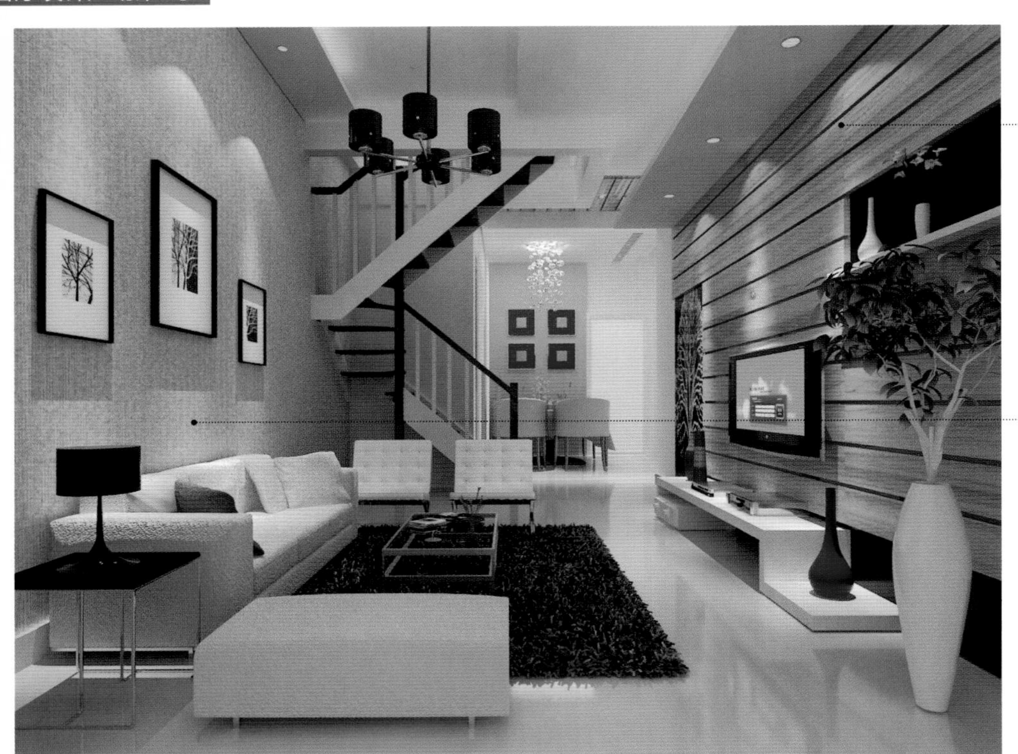

泰柚木饰面板

肌理壁纸

肌理壁纸

混纺地毯

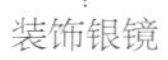

装饰银镜

木纹大理石

现代风格的客厅地面装饰方案

瓷砖、地板、地毯是常用的地面装饰材料，需根据经济条件、实际情况选择。

方案一：全部铺瓷砖，茶几下、桌子下等局部铺地毯，以改善“硬”“冷”感。

方案二：全部铺装强化复合木地板。在大面积铺装时，即使甲醛释放度单项测试达标，室内累积的甲醛浓度仍会相当高(温度较高、门窗紧闭时尤为突出)。因此，入住后要经常开窗通风换气。

方案三：全部铺装实木地板。

方案四：全部铺装实木复合地板。

水曲柳饰面板

中花白大理石

装饰银镜

铝制百叶卷帘

条纹壁纸

木纹玻化砖

白色乳胶漆

灰白色洞石

中花白大理石

黑色烤漆玻璃

肌理壁纸

陶瓷锦砖

木纹大理石

混纺地毯

印花壁纸

车边银镜

车边银镜

米白色洞石

爵士白大理石

装饰灰镜

中花白大理石

陶瓷锦砖

印花壁纸

灰白色洞石

有色乳胶漆

肌理壁纸

米白色洞石

密度板肌理造型

中花白大理石

密度板雕花隔断

石膏板拓缝

白枫木装饰线

石膏板拓缝

密度板造型

木纹大理石

客厅墙面乳胶漆施工应注意哪些问题

客厅墙面乳胶漆施工时，墙上所批腻子应该由特白老粉、白水泥、水、化学浆糊、801建筑胶水所调配而成。调配时，应先用少量水将白水泥化开，再依次放入适量的801胶水，将化学浆糊、老粉搅拌到适当浓度为止。质量要求一要平，二要光，不能有毛细孔。检验时可以用一支灯泡，从墙的四角照着查看，刷得是否平整，一目了然。腻子批好以后，待完全干燥，涂刷上与选购乳胶漆配套的封墙底漆，然后再涂刷面漆。底漆和面漆都可以调得稍微稀一点，以免留下刷痕。每遍漆都要待其干透，方可再涂刷下一遍。另外，如果同时有油漆施工，应该在老粉批好以后，等油漆全部完工，再涂刷乳胶漆，以免因油漆挥发出的甲苯将乳胶漆熏黄，造成不必要的损失。

羊毛地毯

黑色烤漆玻璃

雕花茶镜

桦木装饰立柱

肌理壁纸

爵士白大理石

灰白色网纹玻化砖

装饰银镜

混纺地毯

中花白大理石

木纹大理石

泰柚木饰面板

密度板造型隔断

有色乳胶漆

木质踢脚线

雕花茶镜　雕花钢化玻璃　爵士白大理石

水曲柳饰面板

密度板造型贴银镜

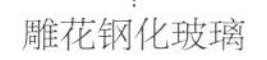

米色网纹大理石

装饰灰镜